(Par P.-L. Moreau de Maupertuis
d'après Barbier)

LETTRE SUR LA COMÉTE.

Tu ne quæsieris, scire nefas.

M. DCC. XLII.

LETTRE
SUR
LA COMETE.

Tu ne quæsieris scire nefas.

VOUS avez souhaité, Madame, que je vous parlasse de la Cométe qui fait aujourd'hui le sujet de toutes les conversations de de Paris : & tous vos desirs sont pour moi des ordres. Mais que vous dirai-je de cet

Aſtre ? Rechercherai - je les influences qu'il peut avoir, ou les événemens dont il peut être le préſage ? Un autre Aſtre a décidé de tous les événemens de ma vie ; mon ſort dépend uniquement de celui - là ; j'abandonne aux Cométes le ſort des Rois & des Empires.

Il n'y a pas un ſiécle que l'Aſtrologie étoit en vogue à la Cour & à la Ville. Les Aſtronomes, les Philoſophes, les Théologiens de tous les tems, s'accordoient à regarder les Cométes comme les cauſes

causes ou les signes de grands événemens. Le fameux Tycho regardoit comme une espece d'impiété, de ne pas ajoûter foi à leurs présages. Quelques autres qui avoient les mêmes idées sur les Cométes, rejettoient seulement l'application qu'on faisoit des Régles de l'Astrologie, pour deviner par elles les événemens qu'elles annonçoient. Un Auteur moderne, célébre par sa piété & par sa science dans l'Astronomie, étoit de cette opinion; il croyoit cette curiosité plus capable d'offenser

fenſer Dieu, déja irrité, que d'appaiſer ſa colere. Il n'a pû cependant s'empêcher de nous donner des Liſtes de tous les grands événemens que les Cométes ont précédés ou ſuivis de près. *

Les Cométes après avoir été ſi long-tems la terreur du monde, ſont tombées tout à coup dans un tel diſcrédit, qu'on ne les croit plus capables de cauſer que des Rhumes. On n'eſt pas d'humeur aujourd'hui à croire que des

* *Le Pere Riccioli Almageſt. Lib.* VIII. *Cap.* III. & V.

Corps

Corps auſſi éloignés que les Cométes, puiſſent avoir des influences ſur les choſes d'ici-bas, ni qu'ils ſoient des ſignes de ce qui doit arriver. Quel rapport ces Aſtres auroient-ils avec ce qui ſe paſſe dans les Conſeils & dans les Armées des Rois?

Je n'examine point la poſſibilité métaphyſique de ces choſes: ſi l'on comprend l'influence que les Corps les moins éloignés ont les uns ſur les autres; ni ſi l'on comprend celles que les Corps ont ſur les Eſprits, dont nous ne sçaurions cependant douter, & dont dépend quelquefois tout le bonheur ou le malheur de notre vie.

Mais il faudroit, à l'égard des Cométes, que leur influence fût connue, ou par la révélation, ou par la raison, ou par l'expérience ; & l'on peut dire qu'aucune de ces sources de nos connoissances ne nous l'a fait connoître.

Il est bien vrai qu'il y a une connexion universelle entre tout ce qui est dans la nature, tant dans le physique, que dans le moral ; chaque événement

nement lié à celui qui le précede, & à celui qui le ſuit, n'eſt qu'un des anneaux de la chaîne qui forme l'ordre & la ſucceſſion des choſes: & s'il n'étoit pas placé comme il eſt, la chaîne ſeroit différente, & appartiendroit à un autre Univers.

Les Cométes ont donc un rapport néceſſaire avec tout ce qui ſe paſſe dans la Nature. Mais le chant des Oiſeaux, le vol des Mouches, le moindre Atôme qui nage dans l'air, tiennent auſſi aux plus grands événemens : & il ne ſeroit pas plus déraiſonnable de les conſulter que les Cométes. C'eſt en vain que nous avons l'idée d'un tel enchaînement entre les choſes, nous n'en ſçaurions tirer aucune utilité pour les prévoir lorſque leurs rapports ſont ſi éloignés ; nous trouverons des Regles plus ſûres, ſi nous nous contentons de tirer les événemens de ceux qui les touchent de plus près.

La Cométe a rendu Damis heureux ; mais la cauſe la plus prochaine de ſon bonheur a été

été l'envie qu'Araminte a eûë de voir la Cométe, & l'occasion qu'a trouvé par là Damis d'être seul avec elle à minuit dans son Jardin.

Quoique la Cométe ait été la cause de cette aventure, il falloit être bien habile pour découvrir le rapport qu'avoit cet Astre avec les faveurs d'Araminte; l'effet d'une promenade nocturne étoit plus facile à prévoir:

On peut comparer les Astrologues aux Adeptes, qui veulent tirer l'or des matieres qui n'en contiennent que les principes

principes & les plus légeres ſemences : ils perdent leur peine & leur tems. Le Chimiſte raiſonnable ſe contente de tirer l'or des terres & des pierres où il eſt déja tout formé.

La prudence conſiſte à découvrir la connexion que les choſes ont entre elles, mais c'eſt folie aux hommes de l'aller chercher trop loin : il n'appartient qu'à des Intelligences ſuperieures à la nôtre, de voir la dépendance des événemens d'un bout à l'autre de la chaîne qui les contient.

Je

Je ne vous entretiendrai donc point, Madame, de cette eſpece d'influences des Cométes ; je ne vous parlerai que de celles qui ſont à notre portée, & dont on peut donner des raiſons mathématiques ou phyſiques.

Je n'entrerai point non plus dans le détail de toutes les étranges idées que quelques-uns ont eûës ſur l'origine & ſur la nature des Cométes.

Képler, à qui d'ailleurs l'Aſtronomie a de ſi grandes obligations, trouvoit raiſonnable,

ble, que comme la Mer a ſes Baleines & ſes Monſtres, l'Air eût auſſi les ſiens : Ces Monſtres étoient les Cométes ; & il explique comment elles ſont engendrées de l'excrément de l'Air par une faculté animale.

Quelques-uns ont crû que les Cométes étoient créées exprès toutes les fois qu'il étoit néceſſaire, pour annoncer aux hommes les deſſeins de Dieu, & que les Anges en avoient la conduite. Ils ajoutent que cette explication réſoud toutes les difficultés qu'on qu'on peut faire ſur cette matiere. *

Enfin il y en a qui ont nié que les Cométes exiſtaſſent, & qui ne les ont priſes que pour de fauſſes apparences cauſées par la réflexion ou réfraction de la Lumiere. Eux ſeuls comprennent comment ſe fait cette réflexion ou réfraction, ſans qu'il y ait des corps qui la cauſent. **

Pour Ariſtote, il aſſûroit que les Cométes étoient des Météores formés des exhalai-

* *Mæſtlinus*, *S. Damaſcene*, *Tannerus*, *Arriaga*, &c.

** *Panætius.*

ſons

ſons de la Terre & de la Mer; & ç'a été, comme on peut croire, le ſentiment de la foule des Philoſophes qui n'ont crû ni penſé que d'après lui.

Plus anciennement on avoit eu des idées plus juſtes des Cométes. Les Chaldéens les avoient priſes pour des Aſtres durables, & pour des eſpeces de Planetes, dont ils étoient parvenus à calculer le cours. Seneque avoit embraſſé cette opinion, & nous parle des Cométes d'une maniére ſi conforme à tout ce qu'on qu'on sçait aujourd'hui sur ces Astres, qu'on peut dire qu'il avoit deviné, ce que l'expérience & les observations des Modernes ont découvert : après avoir établi que les Cométes sont de véritables Planetes, voici ce qu'il ajoûte.

» Devons-nous donc être
» surpris si les Cométes, dont
» les apparitions sont si rares,
» ne semblent point encore
» soumises à des loix constantes ; & si nous ne pouvons encore déterminer le
» cours d'Astres dont les retours ne se font qu'après de
» si

» grands intervalles ? Il n'y a
» pas encore 1500 ans que les
» Grecs ont fixé le nombre
» des Etoiles, & leur ont
» donné des noms : plusieurs
» Nations, encore aujour-
» d'hui, ne connoissent du
» Ciel que ce que leurs yeux
» en apperçoivent, & ne sça-
» vent ni pourquoi la Lune
» disparoît en certains tems,
» ni quelle est l'ombre qui
» nous la cache. Ce n'est que
» depuis peu de tems que
» nous-mêmes avons sur cela
» des connoissances certai-
» nes : un jour viendra, où le
» tems

» tems & le travail auront ap-
» pris ce que nous igno-
» rons. La durée de notre
» vie ne ſuffit pas pour dé-
» couvrir de ſi grandes cho-
» ſes, quand elle y ſeroit tou-
» te employée : Qu'en peut-
» on donc eſperer, lorſqu'on
» en fait un miſérable partage
» entre l'Etude & les Vices. *

Je vais maintenant, Madame, vous expliquer ce que l'Aſtronomie & la Géométrie nous ont appris ſur les Cométes. Et à ce qui ne ſera pas démontré mathématique-

* *Seneq. Natur. Quaſt. Lib.* VII.

ment, je tâcherai de ſuppléer par ce qui paroîtra de plus probable ou de plus vraiſemſemblable. Vous verrez peut-être, qu'après avoir longtems trop reſpecté les Cométes, on eſt venu, tout à coup, à les regarder comme trop indifférentes.

Pour vous donner une idée de l'importance de ces Aſtres, il faut commencer par vous dire, qu'ils ne ſont pas d'une nature inférieure à celle des Planetes, ni à celle de notre Terre. Leur origine paroît auſſi ancienne, leur groſſeur

groſſeur ſurpaſſe celle de plu-ſieurs Planetes ; la matiére qui les forme a la même ſolidité ; elles peuvent, comme les Planetes, avoir leurs habitans ; enfin, ſi les Planetes paroiſſent à quelques égards avoir quelqu'avantage ſur les Cométes, celles-ci ont ſur les Planetes des avantages réciproques.

Comme les Cométes font une partie du ſyſtême du Monde, on ne ſçauroit vous les faire bien connoître ſans vous retracer ce Syſtême en entier. Mais je voudrois, pour vous faciliter la chose ; que vous eussiez en même tems devant les yeux la Carte du Systême Solaire de M. Halley, où sont marquées les routes des Cométes, que M. de Bessay vient de faire graver, avec la traduction qu'il a faite de l'explication de cette curieuse Carte.

Le Soleil seul Astre de notre Univers qui soit lumineux par lui-même, est un Globe immense formé d'un feu céleste, ou d'une matiére plus semblable au feu, qu'à tout ce que nous connoissons. Tout

Tout immenſe qu'il eſt, il n'occupe qu'un point de l'eſpace infiniment plus immenſe que lui dans lequel il eſt placé ; & l'on ne peut dire que le lieu qu'il occupe ſoit ni le centre ni l'extrémité de cet eſpace, parce que, pour parler de centre & d'extrémité, il faut qu'il y ait une figure & des bornes. Chaque Etoile fixe eſt un Soleil ſemblable, qui appartient à un autre Monde.

Pendant que notre Soleil fait ſur ſon axe une révolution dans l'eſpace de 25 jours

& demi, la matiére dont il eſt formé s'échape de tous côtés, & s'élance par jets qui s'étendent juſqu'à de grandes diſtances, juſqu'à nous, & bien par de-là. Cette matiére qui fait la lumiére, va d'une ſi prodigieuſe rapidité, qu'elle n'employe qu'un demi quart d'heure pour arriver du Soleil à la Terre. Elle eſt réfléchie lorſqu'elle tombe ſur des Corps qu'elle ne peut traverſer, & c'eſt par elle que nous appercevons les Corps opaques des Planetes qui la renvoyent à nos yeux, lorſque

que le Soleil étant caché pour nous ſous l'autre Hemiſphére, permet à cette foible lueur de ſe faire appercevoir.

On compte ſix de ces Planetes, qui ſont Mercure, Vénus, la Terre, qu'on ne peut ſe diſpenſer de placer parmi elles, Mars, Jupiter, & Saturne. Chacune décrit un grand Orbe autour du Soleil, & toutes placées à des diſtances différentes, font leurs révolutions autour de lui dans des temps différens. Mercure qui eſt le plus proche, fait ſa révolution en trois mois : après

après l'orbe de Mercure eſt celui de Vénus, dont la révolution eſt de huit mois : l'orbite de la Terre placée entre celle de Vénus & celle de Mars, eſt parcouruë dans un an par la Planete que nous habitons : Mars employe deux ans à achever ſon cours, Jupiter douze, & Saturne trente.

Pluſieurs de ces Planetes en parcourant leurs orbites autour du Soleil, tournent en même temps ſur leur axe : peut-être même toutes ont-elles une ſemblable révolution.

tion. Mais on n'en eſt aſſuré que pour la Terre qui y employe vingt-quatre heures, pour Mars qui y en employe vingt-cinq, pour Jupiter qui y en employe dix : & pour Vénus, quoique tous les Aſtronomes s'accordent à donner à cette derniere Planete une révolution autour de ſon axe, dont ils ſe ſont aſſurés par la diverſité des faces qu'elle nous préſente, ils ne ſont pas cependant encore d'accord ſur le tems de cette révolution, les uns la faiſant de vingt-trois heures, & les autres de vingt-quatre jours.

Je n'ai point ici parlé de la Lune : c'eſt qu'elle n'eſt pas une Planete du premier ordre ; elle ne fait pas immédiatement ſa révolution autour du Soleil ; elle la fait autour de la Terre, qui pendant ce tems-là l'emporte avec elle dans l'orbite qu'elle parcourt. On appelle ces ſortes de Planetes, *Secondaires*, ou *Satellites :* & comme la Terre en a une, Jupiter en a quatre, & Saturne cinq.

Ce n'eſt que de nos jours qu'on a découvert les loix du mouvement

mouvement des Planetes autour du Soleil : & ces loix de leur mouvement découvertes par l'heureux Képler, en ont fait découvrir les causes au grand Newton.

Il a démontré que pour que les Planetes se mûssent comme elles se meuvent autour du Soleil, il falloit qu'il y eût une force qui les tirât ou les poussât continuellement vers cet Astre. Sans cela, au lieu de décrire des lignes courbes, comme elles font, chacune décriroit une ligne droite, & s'éloigneroit du Soleil

 à

à l'infini. Il a découvert la proportion de cette force qui retient les Planetes dans leurs orbites, & a trouvé par elle la nature des courbes qu'elle doit néceſſairement faire décrire aux Planetes.

Toutes ces courbes ſe réduiſent aux ſections coniques; & les obſervations font voir que toutes les Planetes décrivent en effet autour du Soleil des Ellipſes, qui ſont des courbes ovales qui ſe produiſent lorſqu'on coupe un Cone par un plan oblique à ſon axe.

On prouve par la Géométrie

trie que le Soleil ne doit point être au centre de ces Ellipſes; qu'il doit être vers l'une des extrémités, dans un point qu'on appelle le *Foyer*; & ce foyer eſt d'autant plus près de l'extrémité de l'Ellipſe, que l'Ellipſe eſt plus allongée. Le Soleil ſe trouve en effet dans ce point: de-là vient que dans certains tems de leur révolution, dans certaines parties de leurs orbites, qu'on appelle leurs *Périhélies*, les Planetes ſe trouvent plus proches du Soleil, & que dans d'autres (lorſqu'elles ſont dans leurs *Aphélies*) elles en ſont plus éloignées. Quant aux ſix Planetes que nous venons de nommer, ces différences d'éloignement ne ſont pas fort conſidérables, parce que les ellipſes qu'elles décrivent ſont peu allongées, & ne s'écartent pas beaucoup de la figure circulaire. Mais la même loi de force qu'on a découverte, qui leur fait décrire ces Ellipſes, leur permettant de décrire des Ellipſes de tous les dégrés d'allongement, il y auroit de quoi s'étonner des bornes qu'il ſembleroit que la la Nature auroit miſes à l'allongement des Orbites, ſi l'on ne trouvoit une plus grande diverſité dans les Orbites que décrivent de nouveaux Aſtres.

Ce ſont les Cométes qui viennent remplir ce que le calcul avoit prévû, & qui ſembloit manquer à la Nature. Ces nouvelles Planetes aſſujetties toujours à la même loi que les ſix autres, mais uſant de toute la liberté que permet cette loi, décrivent autour du Soleil des Ellipſes fort allongées, & de tous les degrés d'allongement.

Le Soleil placé au foyer commun de toutes les Ellipses, à-peu-près circulaires, que décrivent les six premiéres Planetes, se trouve toujours placé au foyer de toutes les autres Ellipses que décrivent les Cométes. Le mouvement de ces derniéres autour de lui, se trouve réglé par les mêmes loix que le mouvement des autres : leurs Orbites une fois déterminées par quelques observations, on peut calculer pour tout le reste de leur cours leurs différens

rens lieux dans le Ciel ; & ces lieux répondent à ceux où en effet on a obſervé les Cométes, avec la même exactitude que les Planetes répondent aux lieux du Ciel, où l'on a calculé qu'elles devoient être.

Les ſeules différences qui ſe trouvent entre ces nouvelles Planetes & les ſix autres, ſont que, 1°. leurs orbites étant beaucoup plus allongées que celles des autres, & le Soleil ſe trouvant par-là beaucoup plus près d'une de leurs extrémités, les diſtances des

des Cométes au Soleil ſont beaucoup plus différentes dans les différentes parties des orbites qu'elles décrivent. Quelques-unes (celle de 1680.) ſe ſont approchées de cet Aſtre à tel point, que dans leur Périhélie elles n'étoient pas éloignées du Soleil de la ſixiéme partie de ſon diamétre. Après s'en être ainſi approchées, elles s'en éloignent à des diſtances immenſes, lorſqu'elles vont achever leur cours au-delà des Régions de Saturne.

On voit par-là, que ſi les Cométes

Cométes ſont habitées par quelques eſpéces d'Animaux vivans, il faut que ce ſoient des Etres d'une complexion bien différente de la nôtre, pour pouvoir ſupporter toutes ces viciſſitudes : il faut que ce ſoient d'étrangers corps.

2°. Les Cométes employent beaucoup plus de tems que les Planetes à achever leurs révolutions autour du Soleil. La Planete la plus lente, Saturne, achéve ſon cours en 30. ans ; la plus prompte des Cométes employe vraiſemblablement 75. ans

ans à faire le ſien. Il y a beaucoup d'apparence que la plûpart y employent pluſieurs ſiécles.

C'eſt la longueur de leurs Orbites, & la lenteur de leurs révolutions, qui ſont cauſe qu'on ne s'eſt point encore pû aſſurer entiérement du retour des Cométes. Au lieu que les Planetes ne s'éloignent jamais des Régions où notre vûe peut s'étendre, les Cométes ne paroiſſent à nos yeux que pendant la petite partie de leur cours, qu'elles décrivent dans le voiſinage ge de la Terre : le reſte ſe paſſe dans les derniéres Régions du Ciel. Pendant tout ce tems elles ſont perdues pour nous ; & lorſque quelque Cométe vient à reparoître, nous ne pouvons la reconnoître, qu'en cherchant dans les tems antérieurs les Cométes qui ont paru après des périodes de tems égales, & en comparant le cours de celle qui paroît, au cours de celles-là, ſi l'on en a des obſervations ſuffiſantes.

C'eſt par ces moyens qu'on eſt parvenu à croire avec

beaucoup

beaucoup de probabilité, que la période de la Cométe qui parut en 1682. est d'environ 75. ans : c'est parce qu'on trouve qu'une Cométe qui avoit dans son mouvement les mêmes symptômes, avoit paru en 1607. une en 1531. une en 1456. Il est fort vraisemblable que toutes ces Cométes ne sont que la même : on en sera plus sûr, si elle reparoît en 1757. ou 1758.

C'est sur des raisons pareilles, mais sur une induction moins forte, que M. Halley a a ſoupçonné que les Cométes de 1661. & de 1532. n'étoient que la même qui employeroit 129. ans à faire ſa révolution autour du Soleil.

Enfin, un ſçavant Aſtronôme ayant pouſſé plus loin ſes recherches ſur la Cométe qui parut en 1680. trouve un aſſez grand nombre d'apparitions après des intervalles de tems égaux, pour conjecturer, avec beaucoup de vraiſemblance, que le tems de la révolution périodique de cette Cométe autour du Soleil, eſt de 575. ans.

Ce

Ce qui empêche que ces conjectures n'ayent la force de la certitude, c'eſt le peu d'exactitude qu'ont apporté les Anciens aux obſervations des Cométes : Ils s'appliquoient bien plus à marquer les événemens que ces Aſtres avoient prédits à la Terre, qu'à bien marquer les points du Ciel où ils s'étoient trouvés.

Ce n'eſt que depuis Ticho qu'on a des obſervations des Cométes ſur leſquelles on peut compter ; & ce n'eſt que depuis Newton qu'on a les principes de la théorie de ces Aſtres. Ce n'eſt plus que du tems qu'on peut attendre, & des obſervations ſuffiſantes, & la perfection de cette théorie. Ce n'eſt pas aſſez que les connoiſſances même qui ſont permiſes aux hommes leur coûtent tant de travail, il faut que parmi ces connoiſſances il s'en trouve où toute leur induſtrie & tous leurs travaux ne ſçauroient ſeuls parvenir, & dont ils ne doivent obtenir la poſſeſſion que dans une certaine époque des tems.

Si cependant l'astronomie des Cométes en général est encore éloignée de sa perfection, il n'en est pas ainsi de l'astronomie de chaque Cométe en particulier. Assujettie, comme elle est, à la loi universelle qui fait mouvoir tous les Corps célestes, dès qu'une Cométe a paru, & a marqué son Orbite par quelque point du Ciel où elle a été observée, on achéve par la théorie de déterminer son cours : & pour toutes les Cométes dont on a eu les observations suffisantes, l'événement

ment a répondu à l'attente & au calcul.

On ne sçauroit douter de la vérité de cette théorie, si l'on éxamine l'accord merveilleux qui se trouve entre le cours observé de plusieurs Cométes, & leurs cours calculés par M. Newton*. Ainsi je n'allongerai point cette Lettre du fatras des Systêmes que différens Astronomes avoient forgés sur le mouvement des Cométes. Les opi-

* Voyez *les Tables du Mouvement de plusieurs Cometes, dans le Livre des Principes de la Philosophie naturelle. Lib. 3. Prop.* XLI. *&* XLII.

nions de ceux qui les regardoient comme des Météores n'étoient pas plus ridicules; & tous ces Systêmes sont aussi contraires à la raison, que démentis par l'expérience.

On voit un exemple singulier d'une partie du cours d'une Cométe prédite par l'Astronome, & suivie par l'Astre. M. Cassini après un petit nombre d'observations de celle qui parut en 1664, traça la route qu'elle devoit suivre. L'Histoire de cet événement, mérite que nous la puisions

puiſions dans ſa ſource, & que nous rapportions les propres paroles du ſçavant Hiſtorien de l'Académie. Nous aurions de la peine à la raconter avec les mêmes graces.

» Il ſe fia tellement à ſon
» Syſtême des Cométes,
» qu'après les deux premieres
» obſervations qui furent la
» nuit du 17 au 18 Decem-
» bre & la nuit ſuivante, il
» traça hardiment à la Reine
» ſur le Globe céleſte la route
» que celle-là devoit tenir :
» après une quatriéme, qui
» fut le 22, il aſſûra qu'elle
» n'étoit

» n'étoit pas encore dans sa » plus grande proximité de la » Terre ; le 23 il osa prédire » qu'elle y arriveroit le 29. & » quoiqu'alors elle surpassât » la Lune en vîtesse, & sem- » blât devoir faire le tour du » Ciel en peu de tems, il » avança qu'elle s'arrêteroit » dans *Aries*, dont elle n'étoit » guére éloignée que de deux » signes, & qu'après qu'elle y » auroit été stationnaire, son » mouvement y deviendroit » rétrograde par rapport à la » direction qu'il avoit eûë. » Ces Prédictions trouverent

» quantité d'incrédules, qui » soûtinrent que la Cométe » échaperoit à l'Astronome, » & l'espérerent jusqu'au bout; » après quoi, quand ils virent » qu'elle lui avoit été parfai» tement soumise, ils firent, » comme elle, un mouve» ment en arriere, &c. *

Le cours reglé des Cométes ne permet plus de les regarder comme des présages particuliers, ni comme des flambeaux allumés pour menacer la Terre. Mais dans le

* *Hist. de l'Académie, de 1712. Eloge de M. Cassini, par M. de Fontenelles.*

tems

tems qu'une connoiſſance plus parfaite des Cométes, que celle qu'avoient les Anciens, nous empêche de les regarder comme des préſages ſurnaturels, elle nous apprend qu'elles pourroient être des cauſes phyſiques de grands événemens.

Preſque toutes les Cométes dont on a les meilleures obſervations, lorſqu'elles ſont venuës dans ces Régions du Ciel, ſe ſont beaucoup plus approchées du Soleil, que la Terre n'en eſt proche. Elles ont preſque toutes traverſé les

les Orbites de Saturne, de Jupiter, de Mars & de la Terre. Selon le calcul de M. Halley, la Cométe de 1680. passa le 11 Novembre si près de l'Orbite de la Terre, qu'elle s'en trouva à la distance d'un demi diametre du Soleil. » Si alors » cette Cométe eût eu la même » me longitude que la Terre, » nous lui aurions trouvé une » parallaxe aussi grande que » celle de la Lune. Ceci, » *ajoûte-t-il*, est pour les Astro-» nomes; je laisse aux Physi-» ciens à examiner ce qui ar-» riveroit à l'approche de tels

* *Transact. Philos.* N°. 297.

 » Corps

» Corps, dans leur contact, » ou enfin s'ils venoient à se » choquer : ce qui n'est nulle- » ment impossible.

C'est par le calcul que ce grand Astronome a fait des Orbites des vingt-quatre Cométes dont on avoit des observations suffisantes, qu'il a conclu que ces Astres se meuvent en tous sens & en toute direction, les unes dans le sens des autres Planetes, suivant l'ordre des Signes, les autres dans le sens opposé ; leurs Orbites coupant l'Orbite de la Terre, suivant toutes sortes d'inclinaisons ; & toutes

n'ayant

n'ayant de commun que d'être décrites au tour du Soleil.

Dans cette variété de mouvemens, on voit assez la possibilité qu'une Comète rencontre quelque Planete, ou même notre Terre sur sa route; & l'on ne peut douter qu'il n'arrivât de terribles accidens. A la simple approche de ces deux Corps, il se feroit sans doute de grands changemens dans leurs mouvemens, soit que ces changemens fussent causés par l'attraction qu'ils exerceroient l'un sur l'autre, soit qu'ils fussent

ſent cauſés par quelque fluide reſſerré entre eux. Le moindre de ces mouvemens n'iroit à rien moins qu'à changer la ſituation de l'Axe & des Poles de la Terre. Telle partie du Globe qui auparavant étoit vers l'Equateur, ſe trouveroit après un tel événement vers les Poles ; & telle qui étoit vers les Poles, ſe trouveroit vers l'Equateur.

L'approche d'une Cométe pourroit avoir d'autres ſuites encore plus funeſtes. Je ne vous ai point encore parlé des Queuës des Cométes. Il y y a eu ſur ces queuës, auſſi-bien que ſur les Cométes, d'étranges opinions; mais la plus probable eſt que ce ſont des torrens immenſes d'exhalaiſons, & de vapeurs, que l'ardeur du Soleil fait ſortir de leur Corps. La preuve la plus forte en eſt, qu'on ne voit ces queuës aux Cométes que lorſqu'elles ſe ſont aſſez approchées du Soleil, qu'elles croiſſent à meſure qu'elles s'en approchent, & qu'elles diminuent & ſe diſſipent lorſqu'elles s'en éloignent.

Une Cométe accompagnée d'une queuë peut passer si près de la Terre, que nous nous trouverions noyés dans ce torrent qu'elle traîne avec elle, ou dans une athmosphére de même nature qui l'environne. La Cométe de 1680. qui approcha tant du Soleil, en éprouva une chaleur vingt-huit mille fois plus grande que celle que la Terre éprouve en Eté. M. Newton d'après différentes expériences qu'il a faites sur la chaleur des corps, ayant calculé le dégré de chaleur que cette Cométe devoit avoir acquis,

trouve

trouve qu'elle devoit être deux mille fois plus chaude qu'un fer rouge, & qu'une masse de fer rouge grosse comme la Terre employeroit 50000. ans à se réfroidir. Que peut-on penser de la chaleur qui restoit encore à cette Cométe, lorsque venant du Soleil elle traversa l'Orbite de la Terre? Si elle eût passé plus proche, elle auroit réduit la Terre en cendres, ou l'auroit vitrifiée; & si sa queuë seulement nous eût atteints, la Terre étoit inondée d'exhalaisons brûlantes.

Un Auteur fort ingénieux a fait des recherches hardies & ſingulieres ſur cette Comète qui penſa brûler la Terre.* Remontant depuis 1680. temps auquel elle parut, il trouve une Comete en 1106; une en 531. ou 532; une à la mort de Jules Céſar, 44. ans avant Jeſus-Chriſt. Cette Comète priſe avec beaucoup de vraiſemblance pour la même, auroit ſes périodes d'environ 575. ans, & la ſeptiéme période depuis 1680. tombe

* *A new Theory of the larth, by Whiſton,*

dans

dans l'année du Déluge.

On voit assez après tout ce que nous avons dit, comment l'Auteur peut expliquer toutes les circonstances de ce grand événemenr. La Cométe alloit vers le Soleil, lorsque passant auprès de la Terre, elle l'inonda de sa queuë & de son athmosphere, & causa cette pluye de 40. jours dont il est parlé dans l'Histoire du Déluge. Mais M. Whiston tire encore de l'approche de cette Cométe, une circonstance qui acheve de satisfaire à la maniere dont les

les Divines Ecritures nous apprennent que le Déluge arriva. L'attraction que la Cométe & la Terre exerçoient l'une sur l'autre, changea la figure de celle-ci ; & l'allongeant vers la Cométe, fit crever sa surface, & sortir les eaux soûterraines de l'Abîme.

Non-seulement l'Auteur dont nous parlons a tenté d'expliquer ainsi le Déluge : il croit qu'une Cométe, & peut-être la même, revenant un jour du Soleil, & en rapportant des exhalaisons brûlantes

lantes & mortelles, causera aux habitans de la Terre tous les malheurs qui leur sont prédits à la fin du monde, & enfin l'incendie universel qui doit consumer cette malheureuse Planete.

Si toutes ces pensées sont hardies, elles n'ont du moins rien de contraire, ni à la raison, ni à ce qui doit faire la régle de notre Foi & la conduite de nos mœurs. Dieu se servit du Déluge pour exterminer une race d'hommes dont les crimes méritoient ses châtimens ; il fera périr un un jour d'une maniere encore plus terrible & ſans aucune exception tout le genre humain : mais il peut avoir remis les effets de ſon courroux à des cauſes Phyſiques ; & celui qui eſt le Créateur & le Moteur de tous les corps de l'Univers, peut avoir tellement reglé leur cours, qu'ils cauſeront ces grands événemens lorſque les temps en ſeront venus.

Si vous n'êtes pas convaincue, Madame, que le Déluge & la *conflagration* des choſes dépendent de la Cométe, vous

vous avouerez du moins, je crois, que ſa rencontre pouroit cauſer à notre Terre des accidens aſſez ſemblables.

Un des plus grands Aſtronomes du ſiécle, M. Gregory, a parlé des Cométes d'une maniere à les rétablir dans toute la réputation de terreur où elles étoient autrefois. Ce grand homme qui a tant perfectionné la théorie de ces Aſtres, dit dans un des Corollaires de ſon excellent ouvrage.

» D'où il ſuit que ſi la queuë

* *Gregory Aſtron. Phyſiq. Lib. V. Corol. II. Prop. IV.*

» de

» de quelque Cométe attei-
» gnoit notre athmoſphere,
» (ou ſi quelque partie de la
» matiere qui forme cette
» queuë, répandue dans les
» Cieux, y tomboit par ſa
» propre peſanteur) les exha-
» laiſons de la Cométe mê-
» lées avec l'air que nous reſ-
» pirons, y cauſeroient des
» changemens fort ſenſibles
» pour les Animaux & pour
» les Plantes : car il eſt fort
» vraiſemblable que des va-
» peurs apportées de Régions
» ſi éloignées & ſi étrange-
» res, & excitées par une ſi
grande

» grande chaleur, feroient » funeftes à tout ce qui fe » trouve fur la Terre; ainfi » nous pourrions voir arriver » les maux dont on a obfervé » dans tous les temps & chez » tous les Peuples qu'étoit fui- » vie l'apparition des Comé- » tes, & il ne convient point » à des Philofophes de pren- » dre trop légérement ces » chofes pour des fables. *

Quelque Cométe paffant auprès de la Terre, pourroit tellement altérer fon mouve-

* *Gregori Aftron. Phyfiq. Lib. V. Corol. II. Prop. IV.*

ment,

ment, qu'elle la rendroit Cométe elle-même. Au lieu de continuer ſon cours comme elle fait dans une Région uniforme & d'une température proportionnée aux hommes & aux différens animaux qui l'habitent, la Terre expoſée aux plus grandes viciſſitudes, tantôt brûlée dans ſon périhélie, tantôt glacée par le froid des dernieres Régions du Ciel, iroit ainſi à jamais de maux en maux différens, à moins que quelque autre Cométe ne changeât encore ſon cours, & ne le rétablît dans

dans ſa premiere uniformité.

Il pourroit arriver encore un malheur, qui, s'il n'étoit pas plus grand pour nous, ſeroit plus humiliant pour la Planete que nous habitons. Ce ſeroit ſi quelque groſſe Cométe paſſant trop près de la Terre, la détournoit de ſon Orbite, lui faiſoit faire ſa révolution autour d'elle, & ſe l'aſſujétiſſoit, ſoit par l'attraction qu'elle exerceroit ſur elle, ſoit en l'enveloppant dans ſon tourbillon, ſi l'on veut encore des tourbillons. La Terre alors devenue Satellite de la Cométe, ſeroit emportée avec elle dans les Régions extrêmes qu'elle parcourt : triſte condition pour une Planete qui depuis ſi long-temps fait ſon cours dans un Ciel temperé. Enfin la Cométe pourroit de la même maniere nous voler notre Lune : & ſi nous en étions quittes pour cela, nous ne devrions pas nous plaindre.

Mais le plus rude accident de tous ſeroit qu'une Cométe vînt choquer la Terre, ſe briſer contre, & la briſer en

mille

mille pieces. Les deux corps feroient sans doute détruits; mais la gravité en reformeroit aussi-tôt une ou plusieurs autres Planetes.

Si jamais la Terre n'a encore essuyé ces derniéres catastrophes, on ne peut pas douter qu'elle n'ait éprouvé de grands boulversemens. Les empreintes des Poissons, les Poissons mêmes pétrifiés qu'on trouve dans les lieux les plus éloignés de la Mer, & jusques sur le sommet des Montagnes, sont des médailles incontestables de quelques-uns de ces Evénemens.

Un choc moins rude, qui ne briſeroit pas entiérement notre Planete, cauſeroit toujours de grands changemens dans la ſituation des Terres & des Mers; les Eaux, pendant une telle ſecouſſe, s'éléveroient à de grandes hauteurs dans quelques endroits, & inonderoient de vaſtes Régions de la ſurface de la Terre, qu'elles abandonneroient après: C'eſt à un tel choc que M. Halley attribue la cauſe du Déluge. La diſpoſition irréguliére des couches des différentes

différentes matiéres dont la Terre est formée, l'entassement des Montagnes, ressemblent en effet plûtôt à des ruines d'un ancien Monde, qu'à un état primitif. Ce Philosophe conjecture que le froid excessif qu'on observe dans le Nord-Oüest de l'Amérique, & qui est si peu proportionné à la latitude, sous laquelle sont aujourd'hui ces lieux, est le reste du froid de ces Contrées qui étoient autrefois situées plus près du Pôle; & que les glaces qu'on y trouve encore en si grande quantité,

sont

ſont les reſtes de celles dont elles étoient autrefois couvertes, qui ne ſont pas encore entiérement fonduës.

Vous voyez aſſez, Madame, que tout ce qui peut arriver à la Terre, peut arriver de la même maniére aux autres Planetes, ſi ce n'eſt que Jupiter & Saturne, dont les maſſes ſont beaucoup plus groſſes que la nôtre, paroiſſent moins expoſés aux inſultes des Cométes. Ce ſeroit un ſpectacle curieux pour nous, que de voir quelque Cométe venir fondre un jour ſur

ſur Mars, ou Vénus, ou Mercure, & les briſer à nos yeux, ou les emporter, & s'en faire des Satellites.

Vous avoüerez, Madame, que les Cométes ne ſont pas des Aſtres auſſi indifférens qu'on les croit communément aujourd'hui. Tout nous fait voir qu'elles peuvent apporter à notre terre, & à l'œconomie entiére des Cieux, de funeſtes changemens, contre leſquels l'habitude ſeule nous raſſûre. Mais c'eſt avec raiſon que nous ſommes en ſécurité. La durée de notre

tre vie étant aussi courte qu'elle l'est, l'expérience que nous avons, que dans plusieurs milliers d'années il n'est arrivé à la Terre aucun accident de cette espéce, suffit pour nous empêcher de craindre d'en être les témoins & les victimes. Quelque terrible que soit le Tonnere, sa chûte est peu à craindre pour chaque homme par la petite place qu'il occupe dans l'espace où la foudre peut tomber : De même, le peu que nous occupons dans la durée immense où ces grands Evénemens

mens arrivent, en annéantit pour nous le danger, quoiqu'il n'en change point la nature.

Je crains de vous avoir dit trop de mal des Cométes; je n'ai cependant aucune injustice à me reprocher à leur égard; elles sont capables de nous causer toutes les catastrophes que je viens de vous expliquer. Ce que je puis faire maintenant pour elles, c'est de vous parler des avantages qu'elles pourroient nous procurer. Quoique je doute fort que vous soïez aussi sensible à ces avantages, que vous le ſeriez à la perte d'un Etat dans lequel juſqu'ici vous avez vécu paſſablement. Depuis cinq ou ſix mille ans que notre Terre ſe trouve placée comme elle eſt dans les Cieux, que ſes ſaiſons ſont les mêmes, que ſes climats ſont diſtribués comme nous les voyons, nous y devons être accoutumés; & nous ne portons point d'envie à un Ciel plus doux, ni à un Printems éternel : cependant il n'y auroit rien de ſi facile à une Cométe, que de nous procurer

procurer ces avantages. Son approche qui, comme vous avez tantôt vû, pourroit causer ici bas tant de désordres, pourroit de la même maniére rendre notre condition meilleure : 1°. Un petit mouvement qu'elle causeroit dans la situation de la Terre, en releveroit l'axe, & fixeroit les Saisons à un Printems continuel : 2°. Un léger déplacement de la Terre dans l'orbite qu'elle parcourt autour du Soleil, lui feroit décrire un orbite plus circulaire, & dans laquelle elle se trouveroit tou-

 jours

jours à la même diſtance de cet Aſtre dont elle reçoit la chaleur & la lumiére : 3°. Nous avons vû qu'une Comé-te pourroit nous ravir notre Lune; mais elle pourroit auſſi nous en ſervir, ſe trouver condamnée à faire autour de nous ſes révolutions, & à éclairer nos nuits. Notre Lu-ne pourroit bien avoir été au commencement quelque pe-tite Cométe, qui pour s'être trop approchée de la Terre, s'y eſt trouvée priſe. Jupiter & Saturne, dont les corps ſont beaucouq plus gros que celui

celui de la Terre, & dont la puissance s'étend plus loin & sur de plus grosses Cométes, doivent être plus sujets que la Terre à de telles acquisitions: aussi Jupiter a-t-il quatre Lunes autour de lui, & Saturne cinq.

Quelque dangéreux que nous ayons vû que seroit le choc d'une Cométe, elle pourroit être si petite, qu'elle ne seroit funeste qu'à la partie de la Terre qu'elle frapperoit: peut-être en serions-nous quittes pour quelque Royaume écrasé, pendant que le reste de la Terre joüiroit des raretés qu'un Corps qui vient de si loin y apporteroit. On seroit peut-être bien surpris de trouver que les débris de ces Corps que nous méprisons, seroient formés d'or & de diamans ; mais lesquels seroient les plus étonnés, de nous ou des Habitans que la Cométe jetteroit sur notre Terre ? Quelle figure nous nous trouverions les uns aux autres !

Enfin, il y a encore une autre espece de dépoüilles de Cométes, dont nous pourrions nous enrichir. M. de

Maupertuis * a expliqué comment une Planete pourroit s'approprier la queuë d'une Cométe; & ſans en être inondée, ni en reſpirer le mauvais air, s'en former une eſpece d'Anneau ou de voûte ſuſpenduë de tous côtés autour d'elle. Il a fait voir que la queuë d'une Cométe pourroit ſe trouver dans telles circonſtances, que les loix de la Peſanteur l'obligeroient de s'arranger ainſi autour de la Terre : il a déterminé les figures que doivent prendre

* *Traité de la Figure des Aſtres.*

ces anneaux : & tout cela s'accorde ſi bien avec celui qu'on obſerve autour de Saturne, qu'il ſemble qu'on ne peut guere trouver d'explication plus naturelle & plus vraiſemblable de ce phénoméne : & qu'on ne devroit pas s'étonner ſi l'on en voyoit quelque jour un ſemblable ſe former autour de notre Terre.

M. Newton conſiderant ces courſes des Cométes dans toutes les Régions du Ciel, & cette prodigieuſe quantité de vapeurs qu'elles traînent avec

avec elles, leur donne dans l'Univers un emploi qui n'eſt pas trop honorable ; il croit qu'elles vont porter aux Planetes l'eau & l'humidité dont elles ont beſoin pour réparer les pertes qu'elles en font. Peut-être cette réparation eſt-elle néceſſaire aux Planetes: mais je doute qu'elle ſoit ſalutaire à leurs habitans. Ces nouveaux fluides doivent trop differer des nôtres, pour ne nous pas être nuiſibles. Ils infectent ſans doute l'air & les eaux, & la plûpart des habitans des Planetes périſſent.

Mais

Mais la Nature ſacrifie les petits objets au bien général de l'Univers.

Un autre uſage des Cométes peut être de réparer les pertes que fait le Soleil, par l'émiſſion continuelle de la matiére dont il eſt formé. Lorſqu'une Cométe en paſſe fort près, & pénétre juſque dans l'Athmoſphére dont il eſt environné, cette Athmoſphére apportant un obſtacle à ſon mouvement, & lui faiſant perdre une partie de ſa vîteſſe, altére la figure de ſon orbite, & diminuë la diſtance de ſon périhélie

périhélie au Soleil. Et cette diſtance diminuant toujours à chaque retour de la Cométe, il faut qu'après un certain nombre de révolutions, elle tombe enfin dans ce feu immenſe auquel elle ſert de nouvel aliment. Car ſans doute ſes vapeurs & ſon athmoſphére qui peuvent inonder les Planetes, ne ſont pas capables d'éteindre le Soleil.

Ce que font les Cométes qui ſe meuvent autour de notre Soleil, celles qui ſe meuvent autour des autres Soleils, autour des Etoiles fixes, le peuvent

peuvent faire. Elles peuvent ainsi rallumer des Etoiles qui étoient prêtes à s'éteindre. Mais c'est là une des moindres utilités que nous puissions retirer des Cométes.

Voilà, Madame, à peu près tout ce que je sçais sur les Cométes. Un jour viendra où l'on en sçaura davantage. La Théorie qu'a trouvée M. Newton, qui enseigne à déterminer leurs orbites, nous fera parvenir un jour à connoître avec exactitude le tems de leurs révolutions.

Cependant il est bon de

vous

vous avertir que quoique ces Aſtres, pendant qu'ils décrivent les parties de leur cours où ils ſont viſibles pour nous, ſuivent les mêmes loix que les autres Planetes, & ſoient ſoumiſes aux mêmes calculs, nous ne pouvons être aſſûrés de les voir revenir aux tems marqués, retracer exactement les mêmes orbites. Toutes les aventures que nous venons de voir qui peuvent leur arriver, leurs paſſages par l'athmoſphére du Soleil, leurs rencontres avec les Planetes, ou avec d'autres Cométes,

peuvent

peuvent tellement troubler leur cours, qu'après quelques révolutions ils ne feroient plus reconnoiſſables.

Je vous ai parlé, Madame, de toutes les Cométes, excepté de celle qui paroît préſentement. C'eſt parce que je n'en avois pas grand'choſe à vous dire. Cette Cométe qui fait tant de bruit, eſt une des plus chétives qui ait jamais paru. On en a vû quelquefois dont la grandeur apparente étoit égale à celle du Soleil; pluſieurs dont le diametre apparent étoit la 4e. & la 5e.

partie

partie de ſon diametre ; pluſieurs ont eu des couleurs vives & variées ; les unes ont paru d'un rouge effrayant, les autres de couleur d'or, les autres enfumées. Quelques-une même ont répandu, dit-on, une odeur de ſoufre juſque ſur la terre ; la plûpart ont traîné des queuës d'une grande longueur, & la Comete de 1680. en avoit une qui occupoit le tiers ou la moitié du Ciel.

La Cométe d'aujourd'hui ne paroît à la vûë que comme une Etoile de la 3e. ou 4e. grandeur,

grandeur, & traîne une queuë dont la longueur n'eſt que de 4 à 5 degrés. Cette Cométe n'a été vûë à *Paris*, qu'au commencement de ce mois. Elle fut découverte à l'Obſervatoire par M. *Grante*, qui l'apperçut à l'Orient le 2. Mars proche *le pied d'Antinoüs*.

Elle a paſſé d'*Antinoüs* dans le *Cygne*, & du *Cygne* dans *Céphée* avec une ſi grande rapidité, qu'elle a quelquefois parcouru juſqu'à 6 degrés du Ciel en 24 heures. Elle tend preſque directement au Pole: & n'en eſt plus éloignée que

de

de 10 degrés. Mais ſon mouvement eſt rallenti ; & ſa lumiére & celle de ſa queuë ſont ſi fort diminuées, qu'on voit qu'elle s'éloigne de la Terre, & que pour cette fois nous n'en avons plus rien à craindre, ni à eſperer.

FIN.

www.ingramcontent.com/pod-product-compliance
Ingram Content Group UK Ltd.
Pitfield, Milton Keynes, MK11 3LW, UK
UKHW020403230726
13925UKWH00003B/1235

9 782014 460162